和爸爸妈妈
一起学知识

儿童看图成长
十万个为什么

童 彩/编著

奥妙的动物

北京理工大学出版社
BEIJING INSTITUTE OF TECHNOLOGY PRESS

目录

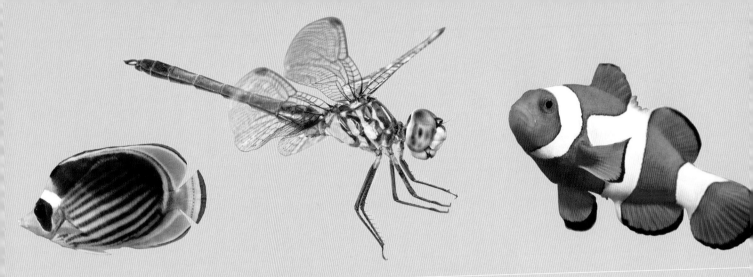

动物

为什么老虎被称为 "森林之王"？

老虎的体形较大，非常有力气，是猫科动物中最可怕的动物，以凶猛、谨慎、出没无常著称。老虎是肉食性动物，捕食本领高超，喜欢潜伏在丛林里，出其不意地袭击猎物，被袭击的猎物很难从它的利爪下逃脱。老虎额头上的斑纹像一个"王"字，看起来像一个威风凛凛的王者。

智慧屋

dōng běi hǔ shì xiàn cún tǐ xíng zuì dà
东北虎是现存体形最大
de ròu shí xìng māo kē dòng wù　　tā de tóu
的肉食性猫科动物。它的头
dà ér yuán　qián é shang de shù tiáo hēi sè
大而圆，前额上的数条黑色
héng wén zhōng jiān cháng bèi chuàn tōng
横纹中间常被串通，
jí sì wáng zì gù yǒu cóng lín
极似"王"字，故有"丛林
zhī wáng de měi chēng
之王"的美称。

快乐猜一猜

nǎ ge guó jiā de lǎo hǔ zhǒng lèi zuì duō
哪个国家的老虎种类最多？

yìn dù
A.印度

měi guó
B.美国

é luó sī
C.俄罗斯

zhōng guó
D.中国

zhèng què dá àn
正确答案：D

为什么非洲猎豹奔跑如飞？

非洲猎豹是陆地上奔跑最快的动物，时速可超过110千米。猎豹奔跑如飞，是与其特定的身体构造分不开的。它的骨骼很轻，身体修长，头部小，前腿健壮，后腿强劲，腰部细长，脊椎骨柔韧度大。这些特点使得猎豹起跑迅速，爆发力强，仅用3秒就能达到全速。

智慧屋

金钱豹全身遍布黑褐色花斑，好像身上长满了金钱，所以被人称为金钱豹。它是一种大型肉食性动物，行动敏捷迅速，是个能爬善跑的捕食高手。

快乐猜一猜

猎豹通常在什么时候外出觅食？

A.早晨5点前后　　B.上午10点前后

C.中午12点前后　　D.晚上7点前后

正确答案：A

为什么大象长着长长的鼻子？

大象是世界上鼻子最长的动物。它的长鼻子肌肉发达，比较柔韧，具有缠卷功能，是大象生活和自卫的工具。除了可以呼吸和嗅气味外，大象还能利用鼻子将树叶或果实从树上摘下来。口渴时，它们可以把长长的鼻子伸进水中吸水喝。在炎热的夏天，大象就用鼻子来洗澡。另外，象鼻的末端有许多凸起，能够感知物体的形状，还可以"拿"起细小的物体。

智慧屋

dà xiàng kě yǐ yòng rén lèi tīng bú dào
大象可以用人类听不到
de cì shēng bō jiāo liú   cì shēng bō chuán dào
的次声波交流。次声波传到
shí   huì yán zhe jiǎo zhǎng tōng guò gǔ gé chuán
时，会沿着脚掌通过骨骼传
dào nèi ěr   ér dà xiàng liǎn shang de zhī fáng
到内耳，而大象脸上的脂肪
kě yǐ yòng lái kuò yīn
可以用来扩音。

快乐猜一猜

lù dì shang zuì dà de bǔ rǔ dòng wù shì shén me
陆地上最大的哺乳动物是什么？

hé mǎ
A.河马

xī niú
B.犀牛

dà xiàng
C.大象

cháng jǐng lù
D.长颈鹿

zhèng què dá àn
正确答案：C

为什么河马整天泡在泥浆里？

河马大部分时间生活在泥浆中，很少在陆地上活动。这是因为河马容易得各种皮肤病，泡在泥浆里能减轻皮肤病带来的痛苦。另外，夏天时，河流和水塘里的蚊子特别多，它们不停地叮咬，使河马浑身痛痒。河马只好把全身滚满泥浆，再整天泡在泥浆里，这样，蚊子就没法儿叮咬它了。

hé mǎ de pí gé wài hòu   pí de lǐ
河马的皮格外厚，皮的里
miàn shì yì céng zhī fáng   zhè shǐ tā kě yǐ háo
面是一层脂肪，这使它可以毫
bú fèi lì de cóng shuǐ zhōng fú qǐ   hé mǎ
不费力地从水中浮起。河马
de pí hái néng fēn mì yì zhǒng lèi sì fáng shài
的皮还能分泌一种类似防晒
rǔ de wēi hóng sè cháo shī wù zhì   néng fáng
乳的微红色潮湿物质，能防
zhǐ kūn chóng dīng yǎo
止昆虫叮咬。

快乐猜一猜

dàn shuǐ wù zhǒng zhōng xiàn cún zuì dà
淡水物种中现存最大
de zá shí xìng bǔ rǔ dòng wù shì shén me
的杂食性哺乳动物是什么？

shuǐ niú   shuǐ diāo
A.水牛   B.水貂
hé lí   hé mǎ
C.河狸   D.河马

zhèng què dá àn
正确答案：D

为什么斑马身上有条纹？

斑马是生活在非洲的植食性动物，身上有非常美丽的黑白条纹。因为抵抗力较弱，为了迷惑敌人，它就产生了这种保护色。这些条纹在白天是它们相互辨认的标志，到了晚上，黑白相间的皮毛就和大草原的色彩糅合在一起，凶猛的狮子、猎豹之类的肉食性动物很难发现。这些条纹还可以分散和削弱草原上的刺蝇的注意力，是防止它们叮咬的一种手段。

智慧屋

bān mǎ hé tuó niǎo shì hǎo péng you tuó niǎo de xiù jué hé tīng jué dōu hěn chà bān mǎ de shì jué què bù hǎo
斑马和鸵鸟是好朋友。鸵鸟的嗅觉和听觉都很差，斑马的视觉却不好，

yú shì tā men biàn xiāng hù hé zuò rú guǒ bān mǎ xiù dào huò tīng dào wēi xiǎn de xìn xī jiù huì lì jí tōng zhī tuó
于是，它们便相互合作，如果斑马嗅到或听到危险的信息，就会立即通知鸵

niǎo rú guǒ tuó niǎo kàn dào dí hài kào jìn yě huì jí shí tōng zhī bān mǎ
鸟；如果鸵鸟看到敌害靠近，也会及时通知斑马。

bān mǎ bēn pǎo de shí sù shì duō shao ne
斑马奔跑的时速是多少呢?

qiān mǐ   xiǎo shí
A.5~15千米/小时
qiān mǐ   xiǎo shí
B.10~30千米/小时
qiān mǐ   xiǎo shí
C.40~50千米/小时
qiān mǐ   xiǎo shí
D.60~80千米/小时

zhèng què dá àn
正确答案：D

为什么长颈鹿长着长长的脖子？

从个头儿上来说，长颈鹿是陆地上最高的动物。它们的祖先生活在干旱少雨的环境里，地上的植物稀少。为了生存的需要，它们就努力伸长脖子够树顶的嫩叶吃，久而久之，脖子就越来越长，世世代代相传下来，一直长成今天这个样子。它们不仅脖子够得高，而且跑得很快，连狮子都很难追上它们。

智慧屋

睡眠有时会使长颈鹿面临危险，因此，长颈鹿的睡眠时间很少，一晚上通常只睡两个小时，而且大部分时间都站着睡觉，一旦发现敌人便撒腿逃命。

快乐猜一猜

血压最高的动物是什么？

A.大象   B.长颈鹿

C.熊   D.老虎

正确答案：B

为什么骆驼能在沙漠中长途跋涉？

沙漠里干燥酷热，沙暴肆虐，但是，骆驼却能在沙漠中长途跋涉，这是因为它有很多法宝。驼峰是骆驼的营养库，骆驼平时积累的营养以脂肪的形式贮存在驼峰里，进入沙漠，就靠驼峰的营养来维持生命；骆驼很耐渴，它的汗腺很少，几乎不出汗；骆驼的身体里面有一个蓄水囊，可以蓄积大量水；骆驼的脚掌大而厚，不仅耐热，还不容易陷进沙子里。

luò tuo yǒu jīng rén de nài lì　　zài qì wēn　　　　shī shuǐ dá tǐ zhòng de　　shí hái néng　　tiān bù yǐn
骆驼有惊人的耐力，在气温50℃、失水达体重的30%时，还能20天不饮

shuǐ　luò tuo shì shā mò li zhòng yào de jiāo tōng gōng jù　shì shì jiè gōng rèn de　shā mò zhī zhōu
水。骆驼是沙漠里重要的交通工具，是世界公认的"沙漠之舟"。

快乐猜一猜

xiǎng yǒu　　luò tuo zhī guó　měi yù de shì
享有"骆驼之国"美誉的是

nǎ ge guó jiā
哪个国家?

suǒ mǎ lǐ
A.索马里

āi jí
B.埃及

shā tè ā lā bó
C.沙特阿拉伯

yī lǎng
D.伊朗

zhèng què dá àn
正确答案：A

为什么大熊猫喜欢吃竹子？

dà xióng māo běn lái shì zá shí xìng dòng wù　　chī ròu hé zhí wù　　hòu lái　　yóu yú shēng huó huán jìng de biàn huà　　dà
大熊猫本来是杂食性动物，吃肉和植物。后来，由于生活环境的变化，大

xióng māo jǐn cún huó zài wǒ guó sì chuān　gān sù yí dài　　nà xiē dì fang shēng zhǎng zhe fēng fù de zhú zi　　què hěn nán bǔ
熊猫仅存活在我国四川、甘肃一带。那些地方生长着丰富的竹子，却很难捕

zhuō dào huó de liè wù　　dà xióng māo zhǐ yǒu gǎi biàn shí xìng　cái néng shēng cún xià qù　　cháng qī shì yìng huán jìng hòu　　dà
捉到活的猎物。大熊猫只有改变食性，才能生存下去。长期适应环境后，大

xióng māo biàn yǐ zhú zi wéi shí le　　wèi le shì yìng zhè zhǒng shí wù　　tā de jiù chǐ yě biàn de yuè lái yuè dà　　néng jiāng zhú zi
熊猫便以竹子为食了。为了适应这种食物，它的臼齿也变得越来越大，能将竹子

de xiān wéi mó suì　　dà xióng māo zuì ài chī de shì jiàn zhú　lěng zhú　shuǐ zhú hé mò zhú
的纤维磨碎。大熊猫最爱吃的是箭竹、冷竹、水竹和墨竹。

yóu yú dà xióng māo cháng qī
由于大熊猫长期
shēng huó zài mào mì de zhú lín li
生活在茂密的竹林里，
nà lǐ guāng xiàn hěn àn yòu yǒu hěn
那里光线很暗，又有很
duō zhàng ài wù zhè jiù shǐ de dà
多障碍物，这就使得大
xióng māo de shì jué hěn bù fā dá
熊猫的视觉很不发达。

快乐猜一猜

bèi yù wéi zhōng guó guó bǎo de dòng wù shì shén me
被誉为"中国国宝"的动物是什么？

bān mǎ
A.斑马

cháng jǐng lù
B.长颈鹿

dà xióng māo
C.大熊猫

dà xiàng
D.大象

zhèng què dá àn
正确答案：C

为什么大猩猩爱捶胸?

大猩猩全身长着黑毛，而且满脸皱纹，看上去有点儿吓人，尤其是它还一边用两个拳头捶打自己的胸脯，一边龇牙咧嘴地来回转悠。其实，大猩猩捶打自己的胸脯，只是向对手显示自己的力量，这是一种示威的动作。当两个不同的家族相遇时，双方的首领就会做出这样的动作，并发出吼叫。不过，它们只是吓唬一下对方，并不是真的想打架，大猩猩还被誉为"温顺的森林巨人"。

dà xīng xing guò zhe qún jū de shēng huó　měi qún yóu yí gè bèi chēng wéi
大猩猩过着群居的生活，每群由一个被称为
yín bèi　de chéng nián xióng xìng dà xīng xing lǐng dǎo　yín bèi　dài lǐng
"银背"的成年雄性大猩猩领导。"银背"带领
dà jiā xún zhǎo shí wù　bìng zhǎo dì fang ràng dà jiā zài wǎn shang xiū xi　dà
大家寻找食物，并找地方让大家在晚上休息。大
xīng xing tōng cháng zhé wān shù zhī　dā wō shuì jiào
猩猩通常折弯树枝，搭窝睡觉。

快乐猜一猜

líng zhǎng lèi dòng wù zhōng tǐ xíng zuì
灵长类动物中体形最
dà de shì shén me
大的是什么？

cháng bí hóu
A.长鼻猴

fèi fei
B.狒狒

dà xīng xing
C.大猩猩

jù yuán
D.巨猿

zhèng què dá àn
正确答案：C

为什么袋鼠长着一个"大口袋"？

在雌袋鼠肚子周围有一个由皮膜构成的育儿袋，袋鼠就是由此而得名的，这个育儿袋对袋鼠的育雏很有作用。刚出生的幼崽小得可怜，仅有2厘米长，还不如一根铅笔粗，半透明，根本无法独立生活。这时，它便躲入妈妈肚子上的育儿袋里，在里面吮吸乳汁，渐渐长大。当长到八个月时，才基本发育健全，从育儿袋里出来独立生活。

智慧屋

dài shǔ zhǎng zhe cháng jiǎo de hòu tuǐ qiáng jiàn ér yǒu lì　tā yǐ tiào dài pǎo　zuì gāo kě
袋鼠长着长脚的后腿强健而有力，它以跳代跑，最高可
tiào mǐ　zuì yuǎn kě tiào　mǐ　kě yǐ shuō shì tiào de zuì gāo　zuì yuǎn de bǔ rǔ dòng wù
跳4米，最远可跳13米，可以说是跳得最高、最远的哺乳动物。

快乐猜一猜

dài shǔ shì nǎ ge guó jiā de guó bǎo
袋鼠是哪个国家的国宝？

ào dà lì yà
A.澳大利亚
měi guó
B.美国
bā xī
C.巴西
nán fēi
D.南非

zhèng què dá àn
正确答案：A

025

为什么狐狸有"狡猾"的名声？

狐狸是一种娇小的动物，嗅觉灵敏，灵活的耳朵能对声音进行准确定位，修长的腿能够快速奔跑。狐狸生性狡诈多疑，被人抓住时会装死，再趁人不注意时悄悄溜走。它们会诱骗猎物上当，甚至装作打架引来小动物观看，再扑向毫无防备的小动物。由于狐狸行踪诡秘，好用智谋，人们把它作为狡猾的代名词。

智慧屋

hú li pèng shàng cì wei shí huì bǎ quán suō
狐狸 碰 上刺猬时，会把蜷缩
chéng yì tuán de cì wei tuō dào shuǐ li kàn dào hé
成 一团 的 刺猬 拖到 水里；看到 河
li yǒu yā zi huì gù yì pāo xiē cǎo rù shuǐ děng
里有鸭子，会故意抛些草入水，等
yā zi xí yǐ wéi cháng hòu jiù xián zhe dà bǎ kū cǎo
鸭子习以为 常后，就衔着大把枯草
zuò yǎn hù tōu tōu de qián rù shuǐ li sì jī bǔ shí
做掩护，偷偷地潜入水里伺机捕食。

快乐猜一猜

hú li shàn cháng bēn pǎo zuì gāo sù dù kě dá duō shao
狐狸擅 长 奔跑,最高速度可达多少?

qiān mǐ xiǎo shí
A.50千米／小时
qiān mǐ xiǎo shí
B.100千米／小时
qiān mǐ xiǎo shí
C.80千米／小时
qiān mǐ xiǎo shí
D.20千米／小时

zhèng què dá àn
正 确答案：A

为什么松鼠喜欢到处藏东西？

松鼠有贮藏食物的习惯。每当果实成熟的时候，经常可以看到它嘴里含着胡桃、橡实或者其他好吃的东西。每当它从一根树枝跳到另一根树枝的时候，储备就会增加。它不仅收集胡桃和成熟的果实，还经常把蘑菇挂在树枝上，待风干后，就收藏到洞穴里。天气阴冷时，它就躲在自己温暖的小窝里美美地睡觉，等天气暖和晴朗的时候，它就出去玩耍、觅食，找到自己存放食物的洞穴吃些东西。正是由于松鼠贮藏了很多食物，它在漫长的冬天不至于被饿死。

智慧屋

松鼠是大森林里的播种
者，由它们埋藏在地下的食
物来年春天便破土而出，
发芽成长。如果你在森林
里看见一批小松树正在茁
壮成长，别惊讶，这就是
松鼠播种的成果。

快乐猜一猜

松鼠从树上跳下来不
会摔伤主要是因为什么？

A. 腿部　　　　B. 腹部

C. 臀部　　　　D. 尾巴

正确答案：D

为什么河狸喜欢垒坝？

河狸有一项独特的本领——垒坝，它们会咬断大树，用于建造堤坝。在堤坝周围，河狸还会建造封闭的池塘，然后在池塘里建造冬屋。除此之外，河狸还是出色的木工，懂得如何防风、防雨。它们每年都会用泥巴覆盖小屋，为冬季的到来做好准备。泥巴"外套"能够起到加固作用，用来充当屏障，抵御低温和捕食者。

jiā ná dà ā ěr bó tǎ
加拿大阿尔伯塔
shěng yǒu yì tiáo cháng dù wéi
省有一条长度为
mǐ de hé lí bà shì
850米的河狸坝，是
shì jiè shàng zuì cháng de hé
世界上最长的河
lí bà zhǎn xiàn le hé lí
狸坝，展现了河狸
gāo chāo de zhù bà jì néng
高超的筑坝技能。

快乐猜一猜

bèi chēng wéi yě shēng shì jiè zhōng
被称为"野生世界中
de jiàn zhù shī de dòng wù shì shén me
的建筑师"的动物是什么？

zhī bù niǎo
A.织布鸟

hé lí
B.河狸

shù lǎn
C.树懒

hú li
D.狐狸

zhèng què dá àn
正确答案：B

为什么刺猬浑身长满了尖刺?

刺猬又称刺球，是一种杂食性的温善小动物。它本身没有任何攻击性武器，为了防御敌害，便长了一身尖刺。每当睡觉或遇到危险的时候，刺猬就把身体蜷成一个球，像颗成熟的大栗子。这样，即使有动物想伤害它，也没有办法下嘴。

智慧屋

刺猬有非常长的鼻子，触觉和嗅觉很发达，最爱吃蚂蚁与白蚁。当它嗅到地下的食物时，会用爪子挖开洞口，再将长而黏的舌头伸进洞内一转，即获得丰盛的一餐。

快乐猜一猜

下面的习性中，刺猬具有的是哪一项？

A. 习惯在冬天出来觅食

B. 喜欢在炎热的天气出没

C. 白天出来活动

D. 喜欢打呼噜

正确答案：D

为什么海豚可以一直不知疲倦地游泳？

海豚是一种本领超群、聪明伶俐的海生哺乳动物。通过仔细观察，人们发现海豚在游泳时有时会闭上其中一只眼睛。它们虽然在持续游泳，但左右两边的脑部却在轮流休息。原来，海豚的大脑由完全隔开的两部分组成。当其中一部分工作时，另一部分便充分休息，所以它可以终生不眠，一直不知疲倦地游泳。

智慧屋

hǎi tún shì gè tiān cái de biǎo yǎn jiā néng biǎo yǎn xǔ duō jīng cǎi de
海豚是个天才的表演家，能表演许多精彩的
jié mù rú zuān tiě huán wán lán qiú yǔ rén wò shǒu hé chàng
节目，如钻铁环、玩篮球、与人"握手"和"唱
gē děng
歌"等。

快乐猜一猜

bèi yù wéi hǎi shang jiù shēng
被誉为"海上救生
yuán de dòng wù shì shén me
员"的动物是什么？

hǎi tún
A. 海豚
hǎi mǎ
B. 海马
hǎi xiàng
C. 海象
hǎi zhū
D. 海猪

zhèng què dá àn
正确答案：A

为什么马站着睡觉？

jiā yǎng de mǎ shì bèi xùn yǎng hòu cái chéng wéi xiàn zài de yàng zi de　dāng chū　yě mǎ shēng huó zài kuàng yě li
家养的马是被驯养后才成为现在的样子的，当初，野马生活在旷野里，

shì rén hé dà xíng ròu shí xìng dòng wù xǐ huan shòu liè de duì xiàng　yě mǎ méi yǒu rèn hé fáng wèi de wǔ qì　ér yě wài de wēi
是人和大型肉食性动物喜欢狩猎的对象。野马没有任何防卫的武器，而野外的危

xiǎn shí shí dōu huì fā shēng　suǒ yǐ tā bì xū yī lài sì tiáo tuǐ　shí shí zuò hǎo táo shēng bēn pǎo de zhǔn bèi　jiǔ ér jiǔ zhī
险时时都会发生，所以它必须依赖四条腿，时时做好逃生奔跑的准备，久而久之

jiù yǎng chéng le zhàn zhe shuì jiào de xí xìng　yí dàn fā xiàn dí qíng　bá tuǐ jiù kě táo pǎo　jiā mǎ jì chéng le zǔ xiān de
就养成了站着睡觉的习性，一旦发现敌情，拔腿就可逃跑。家马继承了祖先的

xí xìng　yì zhí bǎo liú dào le xiàn zài
习性，一直保留到了现在。

智慧屋

mǎ bù guāng yōng yǒu chū sè de tīng jué　tā de
马不光 拥有出色的听觉，它的
xiù jué yě fēi cháng líng mǐn　néng gòu gēn jù xiù jué xìn xī
嗅觉也非常 灵敏，能够根据嗅觉信息
shí bié zhǔ rén　xìng bié　yòu mǎ　tóng bàn　lù tú
识别主人、性别、幼马、同伴、路途、
shuǐ yuán　shí wù děng
水源、食物等。

快乐猜一猜

mǎ de nǎ zhǒng gǎn jué zuì chà
马的哪种 感觉最差？

xiù jué
A.嗅觉　　　　B.味觉 wèi jué

shì jué
C.视觉　　　　D.听觉 tīng jué

zhèng què dá àn
正确答案：C

为什么驴喜欢在地上打滚儿？

长着长长耳朵的驴在干完活儿后，总喜欢在地上打几个滚儿，再舒舒服服地吃点儿草、喝点儿水。驴在地上滚来滚去看起来很淘气，其实，这是它独特的洗澡方式。驴打滚儿可以滚掉皮毛里的虫子，还能蹭痒。同时，驴还可以通过打滚儿解除疲劳，恢复一下体力，就相当于人痛痛快快地洗了个澡一样。

智慧屋

藏野驴分布于我国青藏高原，已被国家列入一级保护动物。它的体形酷似驴、马杂交而产的骡子，因尾稍似马尾，所以又有人称其为野马。

快乐猜一猜

为什么驴拉磨时要在眼睛上蒙一块布？

A.防止灰尘进入驴眼

B.防止驴偷吃磨上的东西

C.遮挡太阳，保护驴的眼睛

D.能使驴拉磨的速度加快

正确答案：B

为什么猪的鼻子爱拱地？

猪总是爱将长鼻子到处乱拱，还常常拱坏地面、拱倒食槽，这是为什么呢？因为猪的祖先生活在野外，经常要用鼻子拱开地面的泥土，翻寻土中的植物块茎来吃。渐渐地，它就练成了拱开硬土的本领，还把这项本领变成了自己的生活习性。到了现代，虽然经过人的驯养，猪已不再用鼻子去找东西吃了，但拱地的习性却保留了下来。

zhū de xiù jué fēi cháng fā dá duì qì wèi
猪的嗅觉非常发达，对气味
de biàn bié néng lì bǐ rén qiáng bèi zhū
的辨别能力比人强7～8倍，猪
qún zhī jiān yě zhǔ yào kào xiù jué bǎo chí lián xì
群之间也主要靠嗅觉保持联系。

快乐猜一猜

yě zhū shǒu xiān zài wǒ guó bèi xùn huà wǒ guó yǎng zhū
野猪首先在我国被驯化，我国养猪
de lì shǐ kě yǐ zhuī sù dào shén me shí hou
的历史可以追溯到什么时候？

jiù shí qì shí dài
A.旧石器时代

xīn shí qì shí dài
B.新石器时代

shāng zhōu shí dài
C.商、周时代

qín hàn shí dài
D.秦、汉时代

zhèng què dá àn
正确答案：B

为什么兔子长着长长的耳朵？

很久以前，当兔子的祖先在野外生存的时候，每天都要防备肉食性动物的攻击，于是，它便竖起耳朵听取从各个方向传来的动静，以便及时躲避老鹰、狐狸和狼等天敌的追捕。结果，它的耳朵越长越长，渐渐长成了一对长长的、会转动的长耳朵。这对长耳朵会把远方的声波收集起来传给大脑，再由大脑决定是否逃命。

dāng tù zi gǎn dào fēi cháng gāo xìng shí
当兔子感到非常高兴时，
huì chū xiàn yuán dì tiào yuè zài bàn kōng wēi wēi
会出现原地跳跃、在半空微微
fǎn shēn de xíng wéi yǒu shí hou tù zi yě huì
反身的行为，有时候兔子也会
biān tiào yuè biān bǎi tóu tā men tiào yuè shí
边跳跃边摆头。它们跳跃时，
jiù hǎo xiàng zài tiào wǔ yí yàng
就好像在跳舞一样。

tù zi shēng qì shí huì fā chū shén me shēng yīn
兔子生气时会发出什么声音？

gū gū shēng
A. 咕咕声

pēn qì shēng
B. 喷气声

jiān jiào shēng
C. 尖叫声

mó yá shēng
D. 磨牙声

zhèng què dá àn
正确答案：A

为什么猫从高处跳下来摔不死？

māo gāng wǎng xià tiào de shí hou tóu bù hé qián zhī cháo
猫 刚 往 下 跳 的 时候，头部 和 前 肢 朝
xià dāng jù lí dì miàn hái yǒu yí dìng gāo dù shí tā lì jí jiāng
下。当 距离 地面 还有 一 定 高度 时，它 立即 将
bó zi xiàng shàng áng suí jí shēn tǐ yǔ dì miàn píng xíng ràng sì
脖子 向 上 昂，随即 身体 与 地面 平行，让 四
zhī jiǎo tóng shí luò dì lìng wài māo tǐ nèi gè zhǒng qì guān de
只 脚 同时 落地；另外，猫 体 内 各 种 器官 的
píng héng xìng néng jiào qiáng xià tiào de guò chéng zhōng néng jiāng
平 衡 性 能 较强，下跳 的 过程 中 能 将
bù píng héng de shēn tǐ tiáo zhì píng héng chú cǐ zhī wài māo de
不 平 衡 的 身体 调至 平 衡；除此之外，猫 的
jiǎo zhǎng zhǎng zhe hòu hòu de ròu diàn ròu diàn fù yǒu tán xìng dà
脚 掌 长 着 厚厚 的 肉垫。肉垫 富 有 弹 性，大
dà jiǎn qīng le luò dì shí de zhèn dòng yīn cǐ māo cóng gāo chù
大 减 轻 了 落地 时 的 震动。因此，猫 从 高处
tiào xià lái huì ān rán wú yàng
跳 下来 会 安然 无 恙。

māo mī ài gān jìng zài
猫咪爱干净，在
hěn duō shí hou ài tiǎn shēn zi
很多时候爱舔身子，
zì wǒ qīng jié fàn hòu māo
自我清洁。饭后，猫
hái huì yòng qián zhǎo cā ca hú
还会用前爪擦擦胡
zi yòng shé tou tiǎn tian máo
子，用舌头舔舔毛。

快乐猜一猜

māo gāo xìng shí de biǎo xiàn shì shén me
猫高兴时的表现是什么？

yòng zhuǎ zi náo rén
A.用 爪子挠人
shǐ jìn yáo wěi ba
B.使劲摇尾巴
wěi ba shù qǐ lái
C.尾巴竖起来
zi yá liě zuǐ
D.龇牙咧嘴

zhèng què dá àn
正确答案：C

为什么老鼠爱啃咬东西？

老鼠是啮齿动物，这类动物的门牙长得特别快，如果不经常磨，等它长长了，吃起东西来就不方便了。由于老鼠的门牙不停地生长着，所以它喜欢吃坚硬的食物，好让门牙磨短一些。有时候，门牙生长得实在太快了，老鼠尽管已经吃得很饱了，还要去啃咬各种硬东西。这样一来，家具和书籍就遭殃了，常被啃得破破烂烂，成了老鼠磨牙的牺牲品。

lǎo shǔ shì xiàn cún zuì yuán shǐ de bǔ rǔ dòng wù zhī yī　　tā men shēng mìng lì wàng shèng　　shù liàng fán duō qiě fán
老鼠是现存最原始的哺乳动物之一。它们生命力旺盛、数量繁多且繁

zhí sù dù jí kuài　　shì yìng néng lì hěn qiáng　　jī hū shén me dōu chī
殖速度极快，适应能力很强，几乎什么都吃。

快乐猜一猜

xià miàn nǎ yí xiàng shuō fǎ shì cuò wù de
下面哪一项说法是错误的？

lǎo shǔ huì dǎ dòng
A.老鼠会打洞

lǎo shǔ shàn yú pān pá
B.老鼠善于攀爬

lǎo shǔ de shì lì fēi cháng hǎo
C.老鼠的视力非常好

lǎo shǔ shàn yú yóu yǒng
D.老鼠善于游泳

zhèng què dá àn
正确答案：C

为什么蝙蝠能在黑暗里飞行？

蝙蝠在夜间飞行时，不是靠眼睛，而是靠耳朵和发音器官。蝙蝠在飞行时，会发出一种尖叫声。这是一种超声波信号，是人类无法听到的，因为它的音频很高。这些超声波信号若是在飞行路线上碰到其他物体，就会立刻反射回来。在接收到返回的信息之后，蝙蝠在振翅之间就完成了听、看、计算与绕开障碍物的全部过程。

蝙蝠的骨骼中空，身体轻盈，前肢十分发达，四肢上长有皮膜，这使得蝙蝠类成为唯一能够真正飞翔的兽类。

我国特有的蝙蝠种类是什么？

A.大足鼠耳蝠　　B.巨翼蝠

C.食果蝠　　D.食虫蝠

正确答案：A

为什么青蛙要冬眠？

青蛙属于变温动物，不能像恒温动物那样维持恒定的体温，只能适应外界环境的温度。当外界温度低于一定水平时，食物也逐渐稀少，青蛙就会选择进入不吃不喝不排泄的冬眠状态。每到冬天，青蛙就进入了冬眠期。青蛙的冬眠期为每年的10月末到第二年的3月中旬。

智慧屋

qīng wā zuì ài zài xià jì de yǔ
青蛙最爱在夏季的雨
hòu fàng shēng gē chàng tā men de zuǐ biān
后放声歌唱，它们的嘴边
yǒu gè gǔ gu nāng nāng de dōng xi néng
有个鼓鼓囊囊的东西，能
fā chū shēng yīn wā lèi de hé chàng yǒu
发出声音。蛙类的合唱有
yí dìng guī lǜ yǒu lǐng chàng hé
一定规律，有领唱、合
chàng děng duō zhǒng xíng shì
唱等多种形式。

快乐猜一猜

wèi shén me qīng wā bèi chēng wéi yùn dòng jiàn jiàng
为什么青蛙被称为"运动健将"？

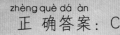

tǐ zhòng qīng qīng qiǎo líng biàn
A.体重轻，轻巧灵便
shàn fā lì zhòng xīn kào hòu
B.善发力，重心靠后
tuǐ jī qiáng zhuàng róu rèn xìng hǎo
C.腿肌强壮，柔韧性好
yǒu qì náng kě yǐ zhù lì
D.有气囊，可以助力

zhèng què dá àn
正确答案：C

为什么乌龟的寿命很长？

　　乌龟是一种长寿的动物，特别喜欢睡觉，一年要睡10个月左右，新陈代谢很慢。它还能使自己的生理节奏放慢，进入假死状态。细胞研究发现，动物的成纤维细胞繁殖代数与动物的寿命成正比，而乌龟的细胞分化缓慢，繁殖代的次数很多。另外，乌龟的心脏机能较强，它还有特殊的呼吸方式。这些因素都是乌龟得以长寿的奥秘。

智慧屋

最长寿的巨型陆龟是一只名叫阿德维塔的乌龟。阿德维塔出生于1750年左右，2006年3月23日去世，寿命达到了255岁，远超人类的寿命。

快乐猜一猜

乌龟的哪一种感觉不灵敏？

A. 味觉　　　　B. 触觉

C. 嗅觉　　　　D. 听觉

正确答案：D

为什么蛇总爱吐舌头？

蛇的舌头又细又长，经常吐出来，这是因为它是蛇的嗅觉器官。蛇把舌头伸出去，把空气中的各种化学分子黏附或溶解在湿润的舌面上，再把这些化学物质通过嗅觉神经传到大脑中。经过判断，蛇就可以准确地捕获猎物了。被蛇咬伤的动物逃走时，蛇可以利用它那伸缩的舌头和灵敏的助鼻器探寻和跟踪，直到再次发现猎物。

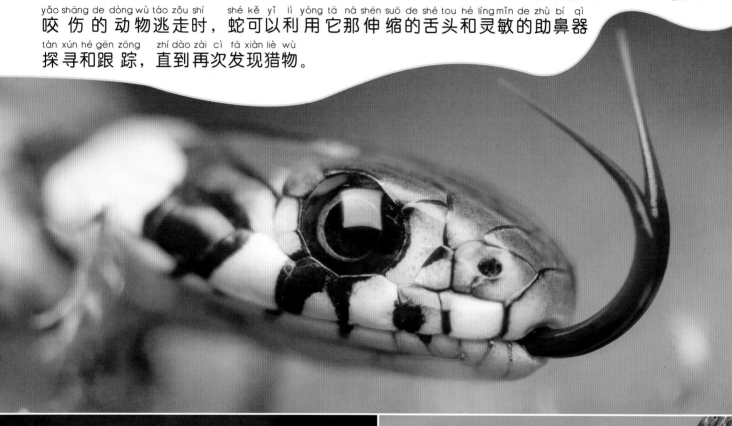

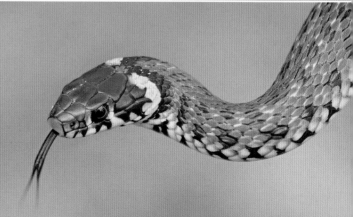

hēi màn bā shé shì dú shé zhōng tǐ xíng zuì cháng　sù dù zuì kuài
黑曼巴蛇是毒蛇中体形最长、速度最快、
gōng jī xìng zuì qiáng de　　tā néng yǐ gāo dá　qiān mǐ de shí sù zhuī
攻击性最强的，它能以高达19千米的时速追
zhú liè wù　　ér qiě zhǐ xū liǎng dī dú yè jiù kě yǐ zhì rén sǐ wáng
逐猎物，而且只需两滴毒液就可以致人死亡。

快乐猜一猜

shì jiè shàng tǐ zhòng zuì zhòng de shé
世界上体重最重的蛇
shì shén me
是什么？

lù shuǐ rán
A.绿水蚺
hóng wěi rán
B.红尾蚺
gōu bí hǎi shé
C.钩鼻海蛇
zuàn wén xiǎng wěi shé
D.钻纹响尾蛇

zhèng què dá àn
正确答案：A

为什么变色龙会变色？

有一些蜥蜴的颜色会改变，所以叫作变色龙。变色龙的皮下具有绿色、蓝色及灰色三种色素细胞，绿色和蓝色的色素细胞呈长纺锤形，广泛分布于皮下组织并垂直于皮肤表面；灰色的色素细胞处在绿色和蓝色的色素细胞之下，平行于皮肤表面分布。变色龙变色的原理就在于绿色和蓝色色素细胞位置的变化。

biàn sè lóng de yǎn jing shí fēn qí tè liǎng zhī yǎn qiú tū chū zuǒ yòu yǎn kě yǐ gè zì dān dú huó dòng shàng xià zuǒ
变色龙的眼睛十分奇特，两只眼球凸出，左右眼可以各自单独活动，上下左

yòu zhuàn dòng zì rú zhè zhǒng xiàn xiàng zài dòng wù zhōng shí fēn hǎn jiàn
右转动自如，这种现象在动物中十分罕见。

快乐猜一猜

biàn sè lóng de shé tou yǒu duō cháng
变色龙的舌头有多长？

shēn cháng de   bèi
A.身长的1倍

shēn cháng de   bèi
B.身长的2倍

shēn cháng de   bèi
C.身长的3倍

shēn cháng de   bèi
D.身长的4倍

zhèng què dá àn
正确答案：B

为什么壁虎的尾巴断了还能再长？

壁虎受到外力牵引或遇到敌人攻击时，尾部的肌肉就会剧烈收缩，使尾巴断落。刚断落的尾巴由于神经仍然存活，就会不停地动弹，吸引敌人的注意力，壁虎则趁机逃之天天。另外，壁虎的身体里有一种能让尾巴再生的激素。当尾巴断了的时候，壁虎就会分泌这种激素使尾巴长出来，尾巴长好之后，激素就会停止分泌。

为什么鸟类长着五彩缤纷的羽毛？

鸟羽有美丽的颜色与羽毛中含有的化学色素和光线折射有关。另外，鸟类的羽色是为了适应生活环境。鸟类是一种弱小的动物，许多鸟类的羽毛在防御敌害时起着保护色的作用。比如，生活在沙漠地带的鸟类通常色泽单纯，颜色暗淡，而生活在南方和热带森林间的鸟类则长着与奇花异卉的鲜艳色彩相似的彩色羽毛，以便把自己隐蔽起来，不被敌害发现。

niǎo lèi zài fēi xíng shí   jí shǐ lù tú zài
鸟类在飞行时，即使路途再
màn cháng   tā men yě hěn shǎo mí lù   zài fēi
漫长，它们也很少迷路。在飞
xíng guò chéng zhōng   tā men huì lì yòng hěn duō
行过程中，它们会利用很多
dōng xi lái wèi zì jǐ dǎo háng   rú dì biāo
东西来为自己导航，如地标、
tài yáng   xīng xing   qì wèi   shèn zhì hái yǒu dì
太阳、星星、气味、甚至还有地
cí chǎng
磁场。

shì jiè shàng zuǐ ba zuì kuān hé zuǐ fēng zuì cháng de niǎo fēn
世界上嘴巴最宽和嘴峰最长的鸟分
bié shì shén me
别是什么？

tuó niǎo hé ér miáo
A.鸵鸟和鸸鹋

jīng tóu guàn hé jù zuǐ niǎo
B.鲸头鹳和巨嘴鸟

fēng niǎo hé xìn tiān wēng
C.蜂鸟和信天翁

tiān é hé bā bù yà qǐ é
D.天鹅和巴布亚企鹅

zhèng què dá àn
正确答案：B

061

为什么鸡要吃沙子？

鸡是很常见的家禽，一般吃糠、米、麦粒，腿脚勤快、善于觅食的鸡还会到室外或田野里寻找一些小昆虫吃。你可能会感到奇怪，鸡哪怕是吃饱喝足了，仍然会找一些沙子吃。这是因为鸡没有牙齿，无法将食物嚼碎，吃了东西后不能消化，而吃一些沙子，可以磨碎食物，帮助鸡消化。

jī dàn shì mǔ jī chǎn de luǎn yì zhī mǔ jī yì nián píng jūn chǎn dàn méi zuǒ yòu jī dàn fù hán dǎn gù chún
鸡蛋是母鸡产的卵，一只母鸡一年平均产蛋300枚左右。鸡蛋富含胆固醇，

yíng yǎng fēng fù yì méi zhòng kè de jī dàn jiù hán yǒu dà yuē kè dàn bái zhì
营养丰富，一枚重50克的鸡蛋就含有大约7克蛋白质。

快乐猜一猜

měi guó rén zài gǎn ēn jié chī shén me
美国人在感恩节吃什么？

huǒ jī
A.火鸡

wū jī
B.乌鸡

yě jī
C.野鸡

tǔ jī
D.土鸡

zhèng què dá àn
正确答案：A

为什么公鸡要在清晨打鸣儿？

家鸡的祖先叫原鸡，生活在稀疏的树林及灌木丛中。公原鸡每天早上醒来后，便会高声鸣叫。这是因为公原鸡对光线非常敏感，天刚亮时，它就能感觉到光波的存在，赶快啼叫报晓。虽然公原鸡现在都变成了家鸡，但是早晨打鸣儿的习惯一直没有变。

jī de kàng bìng néng lì ruò　　tā de fèi zàng yǔ hěn duō
鸡的抗病能力弱。它的肺脏与很多

xiōng fù qì náng xiāng lián　zhè xiē qì náng chōng chì yú tǐ nèi
胸腹气囊相连，这些气囊充斥于体内

gè gè bù wèi　　shèn zhì jìn rù gǔ qiāng zhōng　suǒ yǐ jī de
各个部位，甚至进入骨腔中，所以鸡的

chuán rǎn bìng duō yóu hū xī dào yǐn qǐ　qiě chuán bō sù dù
传染病多由呼吸道引起，且传播速度

kuài　fā bìng yán zhòng
快、发病严重。

gōng jī shì nǎ ge guó jiā de guó niǎo
公鸡是哪个国家的国鸟？

fǎ guó
A.法国

měi guó
B.美国

yīng guó
C.英国

hán guó
D.韩国

zhèng què dá àn
正确答案：A

为什么鸭子游完泳后身上不湿呢？

鸭子在水中快活地游来游去，游完后羽毛却是干的，这是怎么回事呢？原来，鸭子尾部的尾脂腺能够分泌出油脂。鸭子总是用嘴啄尾部，把油脂挤出来，再用嘴在身上抹来抹去，这样，全身的羽毛就包上了一层油脂。由于水和油不相溶，水只能挂在羽毛外的油脂上，而不能进入鸭子的羽毛中，因此，鸭子游完泳后身上不会变湿。

智慧屋

gēn jù tè yǒu de xíng wéi　　　 yā zi kě fēn wéi zuān shuǐ
根据特有的行为，鸭子可分为钻水

yā　 qián shuǐ yā hé qī yā sān gè zhǔ yào lèi qún　　zuān shuǐ
鸭、潜水鸭和栖鸭三个主要类群。钻水

yā cháng tōng guò zài shuǐ zhōng dào lì qǔ shí　 qián shuǐ yā qián
鸭常通过在水中倒立取食，潜水鸭潜

rù shuǐ dǐ qǔ shí　 qī yā tōng cháng qī xī zài shù shang
入水底取食，栖鸭通常栖息在树上。

快乐猜一猜

nǎ zhǒng dòng wù bú yòng zhuǎn
哪种动物不用转

shēn jiù néng kàn dào shēn hòu
身就能看到身后？

mōo
A.猫　　　　B.鸭子

jī　　　　　　mǎ
C.鸡　　　　D.马

zhèng què dá àn
正确答案：B

为什么燕子长了一张大嘴巴？

燕子主要以飞行的蚊子、苍蝇等小昆虫为食，它长着一张大嘴巴，张开后比它的脑袋还要大。这张大嘴巴即使在燕子飞行的时候也张着，就如一个大网兜，待飞虫飞来时便一网打尽。燕子的捕食能力很强，几个月就能吃掉25万只昆虫，所以燕子是益鸟，我们不能伤害它。

为什么鸽子能送信？

鸽子性情温和，与人类的关系密切，并且具有出色的记忆力和辨别方向的能力。人们发现，一只幼小的鸽子在一个地方长大后，如果把它带到很远的地方，它仍然会找到原来的巢。于是，人们利用鸽子较强的飞翔能力和归巢能力，培养出不同品种的信鸽，把信绑在鸽子的脚上，让它们充当"邮递员"，为人类送信。

1950年，为了纪念世界和平大会，毕加索画了一只昂首展翅的鸽子，智利著名诗人聂鲁达称它为"和平鸽"。从此，鸽子成为世界公认的"和平使者"。

快乐猜一猜

鸽子具有什么象征意义？

A.和平、爱情、圣灵

B.勇敢、和平、智慧

C.纯洁、爱情、坚贞

D.和谐、幸福、安宁

正确答案：A

为什么啄木鸟总是啄木头却不得脑震荡？

啄木鸟天天都用嘴啄木头，寻找树干里的虫子，它们被尊称为"森林医生"。啄木鸟一点儿都不在乎头部的撞击力，也从来不得脑震荡。原来，啄木鸟的脑壳由坚硬的骨质组成，脑壳下面还有一层海绵状的骨结构。当啄木鸟啄木时，海绵结构可以起到缓冲、减震的作用。另外，啄木鸟的头部两侧具备发达的肌肉系统，也可以防震。

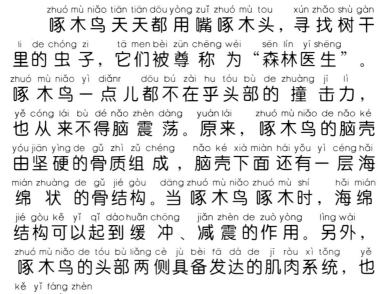

智慧屋

zhuó mù niǎo zhuó mù de sù dù fēi cháng kuài   jī hū shì shēng sù de liǎng bèi   měi
啄木鸟 啄木的速度非常快，几乎是声速的两倍，每
zhuó yí cì yòng shí bú dào qiān fēn zhī yī miǎo   bǐ chōng fēng qiāng de zǐ dàn chū táng de
啄一次用时不到千分之一秒，比冲锋枪的子弹出膛的
sù dù hái yào kuài jiāng jìn yí bèi   pín lǜ gèng shì dá dào le měi miǎo   cì
速度还要快将近一倍，频率更是达到了每秒15～16次。

快乐猜一猜

zhuó mù niǎo de shé tou zhǎng zài shén
啄木鸟的舌头长在什
me dì fang
么地方？

zuǐ li
A. 嘴里

yòu bí kǒng
B. 右鼻孔

zuǒ bí kǒng
C. 左鼻孔

xià è
D. 下颚

zhèng què dá àn
正确答案：B

073

为什么猫头鹰总爱在夜间活动？

和大多数鸟类不同，猫头鹰的两只眼睛长在头部的正前方，眼球上缺少控制瞳孔缩放的肌肉，所以无论白天还是黑夜，瞳孔都是一样大的。猫头鹰的视网膜上还布满了能感觉较暗光线的圆柱细胞，所以能在黑暗中看到物体。另外，猫头鹰的两只耳朵一高一低，一大一小，接受声音的能力很强，能够准确地辨别猎物的方向。有了这些特殊的构造，猫头鹰就可以在白天睡大觉，晚上出来捉老鼠了。

智慧屋

yǒu yì zhǒng māo tóu yīng jiào qǐ lái shí fēn qí tè tā
有一种 猫头鹰叫起来十分奇特，它
cháng cháng xiàng xuàn yào shèng lì shì de fàng shēng dà xiào
常常像炫耀胜利似的放声大笑，
suǒ yǐ rén men gěi tā qǐ míng jiào xiào māo tóu yīng
所以人们给它起名叫笑猫头鹰。

快乐猜一猜

nǎ ge guó jiā bǎ māo tóu yīng shì
哪个国家把猫头鹰视
zuò fú niǎo
作福鸟？

zhōng guó　　　　rì běn
A.中国　　B.日本
yīng guó　　　　jiā ná dà
C.英国　　D.加拿大

zhèng què dá àn
正确答案：B

为什么杜鹃喜欢把卵寄生在其他鸟类的巢穴？

杜鹃总是侵扰其他鸟类的巢穴，并把自己的卵产在其巢里，所以人们常常称其为恶鸟。原来，杜鹃发源于非洲草原，那里自然条件恶劣，生存条件严酷，杜鹃用来筑巢的树木在草原上十分稀少，而且要受到长颈鹿、大象和狒狒的骚扰。为了生存和繁衍后代，杜鹃不得不想出一个偷梁换柱的办法。它把鸟卵分别寄生在别的鸟巢里以假乱真，让别的鸟帮它养育孩子，这样就有效地繁衍了后代。

智慧屋

　　dù juān luǎn bèi jì shēng zài qí tā niǎo lèi de cháo
杜鹃卵被寄生在其他鸟类的巢
lǐ hòu tōng cháng huì bǐ bié de niǎo lèi zǎo chū shēng ér
里后，通常会比别的鸟类早出生，而
qiě yì chū shēng jiù huì bǎ bié de luǎn tuī chū niǎo cháo bǎ
且一出生就会把别的卵推出鸟巢，把
wèi chū shēng de xiǎo niǎo huó huó shuāi sǐ děng dào yǎng
未出生的小鸟活活摔死。等到养
fù mǔ hán xīn rú kǔ de bǎ tā yǎng dà tā jiù huì lí kāi
父母含辛茹苦地把它养大，它就会离开
niǎo cháo yí qù bù fǎn
鸟巢，一去不返。

快乐猜一猜

　　dà jiā shú xī de bù gǔ niǎo yòu
大家熟悉的布谷鸟又
jiào shén me
叫什么？

　　　fēng niǎo 　　　　　　 xǐ què
A. 蜂鸟　　　B. 喜鹊
　　　dù juān 　　　　　　 yīng wǔ
C. 杜鹃　　　D. 鹦鹉

　　　　　 zhèng què dá àn
　　　　　正确答案：C

为什么大雁要排队飞行？

大雁是人们熟悉的候鸟，在长途迁徙时，它们常常排列成整齐的"人"字形或"一"字形，这是怎么回事呢？原来，大雁在飞行时，除了扇动翅膀外，还要利用上升的气流在空中滑行，这样能够节省体力。领头的大雁在飞行时，翅尖上会产生一股微弱的上升气流，后面的大雁为了利用这股气流，就紧跟在头雁的翅尖后面飞，这样就一只跟一只排列成整齐的队伍了。

dà yàn shì chū sè de kōng zhōng lǚ xíng
大雁是出色的空中旅行

jiā   měi dāng qiū dōng jì jié   tā men jiù
家。每当秋冬季节，它们就

cóng lǎo jiā xī bó lì yà yí dài fēi dào wǒ guó
从老家西伯利亚一带飞到我国

de nán fāng guò dōng   dì èr nián chūn tiān   tā
的南方过冬。第二年春天，它

men zài jīng guò cháng tú lǚ xíng huí dào xī bó lì
们再经过长途旅行回到西伯利

yà chǎn dàn fán zhí
亚产蛋繁殖。

yàn qún xiū xi shí   nǎ yì zhǒng
雁群休息时，哪一种

dà yàn fù zé jǐng jiè
大雁负责警戒？

tóu yàn   zhuàng yàn
A．头雁   B．壮雁

yòu yàn   gū yàn
C．幼雁   D．孤雁

zhèng què dá àn
正确答案：D

为什么鹦鹉能学人说话？

鹦鹉学舌的本领很高，不仅能讲中文，还可以说多国语言呢。这是因为鹦鹉的舌根和鸣肌发达，舌尖细长而灵活，可以发出准确、清晰的音调，再加上模仿能力和记忆能力较强，所以在人类的驯养下，鹦鹉能够学人说话和唱歌，很受人们喜爱。不过，这仅仅是鹦鹉的模仿行为，是一种条件反射，鹦鹉不可能像人类那样懂得语言的含义。

智慧屋

yīng wǔ cōng míng líng lì　shàn yú xué xí　shì bù kě
鹦鹉聪明伶俐，善于学习，是不可
duō dé de niǎo lèi　biǎo yǎn yì shù jiā　jīng xùn liàn hòu kě
多得的鸟类"表演艺术家"，经训练后可
biǎo yǎn xǔ duō xīn qí yǒu qù de jié mù　rú xián xiǎo qí　jiē
表演许多新奇有趣的节目，如衔小旗、接
shír　qí zì xíng chē　lā chē　fān gēn tou děng
食儿、骑自行车、拉车、翻跟头等。

快乐猜一猜

shì jiè shàng shòu mìng zuì cháng de niǎo shì shén me
世界上寿命最长的鸟是什么？

dà bǎo
A.大鸨

wáng xìn tiān wēng
B.王信天翁

lán kǒng què
C.蓝孔雀

yà mǎ xùn yīng wǔ
D.亚马逊鹦鹉

zhèng què dá àn
正确答案：D

为什么鹌鹑下的蛋被认为是"动物中的人参"？

鹌鹑其貌不扬，还是一种生性胆小的鸟类，但鹌鹑蛋在营养上有独特之处，其营养价值不亚于鸡蛋，有较好的护肤、美肤作用。鹌鹑蛋还能辅助治疗浮肿、肥胖型高血压、糖尿病、贫血、肝大、肝硬化、腹水等多种疾病。除了丰富的卵磷脂和脑磷脂，鹌鹑蛋还含有能降血压的芦丁、来岂丁等有益物质，因此，鹌鹑蛋被认为是"动物中的人参"。

智·慧·屋

ān chún zài wǒ guó sú chēng luó chún　yòu míng zǎo qiū　yóu yú tā men de yǔ sè bān bó　hǎo xiàng bǔ dīng hěn duō
鹌鹑在我国俗称罗鹑，又名早秋。由于它们的羽色斑驳，好像补丁很多
de jiù yī fu　suǒ yǐ gǔ rén xíng róng yī zhuó lán lǚ wéi chún yī
的旧衣服，所以古人形容衣着褴褛为鹑衣。

快乐猜一猜

shéi shì shì jiè shàng fēi de zuì màn de niǎo
谁是世界上飞得最慢的鸟？

　　ān chún
A. 鹌鹑

　　xiǎo qiū yù
C. 小丘鹬

　　shā jī
B. 沙鸡

　　yóu sǔn
D. 游隼

zhèng què dá àn
正确答案：C

为什么鸬鹚会帮渔民捕鱼？

鸬鹚又叫鱼鹰，擅长捕鱼。鸬鹚的喉部有一个喉囊，可以把捕到的鱼储存在里面，这就使它可以一次捕捉多条鱼。在南方水乡，渔民外出捕鱼时常带上驯化好的鸬鹚。鸬鹚整齐地站在船头，脖子上都被戴上一个脖套。由于戴着脖套，鸬鹚捕到鱼却无法吞咽下去，只好叼着鱼返回船边，乖乖地把鱼交给渔民。

zài wǒ guó gǔ dài，rén men cháng bǎ lú cí zuò wéi
在我国古代，人们常把鸬鹚作为
měi mǎn hūn yīn de xiàng zhēng。yīn wèi jié bàn de lú cí
美满婚姻的象征。因为结伴的鸬鹚
cóng yíng cháo fū luǎn dào bǔ yù yòu chú，dōu shì gòng tóng jìn
从营巢孵卵到哺育幼雏，都是共同进
xíng，hé xié xiāng chǔ，jiù xiàng yí gè hé mù de jiā tíng，
行，和谐相处，就像一个和睦的家庭，
lìng hěn duō rén xiàn mù
令很多人羡慕。

shì jiè shàng yóu yǒng zuì kuài de niǎo shì shén me
世界上游泳最快的鸟是什么？

yàn yā
A.雁鸭

yuān yāng
B.鸳鸯

lú cí
C.鸬鹚

bā bù yà qǐ é
D.巴布亚企鹅

zhèng què dá àn
正确答案：D

为什么雄孔雀会开屏？

雄孔雀开的屏就像一张大大的扇面，异常绚丽夺目。不过，雄孔雀开屏可不是为了炫耀它的美丽，而是为了求偶。每到繁殖季节，雄孔雀常常会竖起尾屏，翩翩起舞，以召唤雌孔雀。另外，雄孔雀开屏还有恫吓敌人的作用。因为尾屏展开后，上面会出现一个个鲜明艳丽的圆斑，就像一只只瞪大的眼睛，敌人一看就会被吓跑。

绿孔雀非常美丽。它的羽毛绚丽多彩，犹如金绿色丝绒，末端还有众多由紫、蓝、黄、红等色构成的眼状斑纹，反射着光彩，好像无数面小镜子，鲜艳夺目。

快乐猜一猜

shì jiè shàng wěi yǔ zuì cháng de niǎo shì shén me
世界上尾羽最长的鸟是什么？

cháng wěi jī
A.长尾鸡

kǒng què
B.孔雀

zhū huán
C.朱鹮

xiǎo tiān é
D.小天鹅

zhèng què dá àn
正确答案：A

为什么北极没有企鹅？

南极是一块独立的大陆，周围被海洋包围。那里气候酷寒，只有一些原始的昆虫和苔藓类低级植物，企鹅可以从周边海域中获得足够的食物。远离大陆也阻止了企鹅的天敌迁移到南极，从而给企鹅提供了一个得天独厚的生长和栖息的环境。另外，企鹅的身体条件适合于寒冷的环境，热带的气温和水流形成一道物理障碍，阻挡了企鹅向北扩散，所以北极没有企鹅。

nán jí qǐ é de wō shì yòng shí zǐ dā jiàn de
南极企鹅的窝是用石子搭建的。
yóu yú nán jí dì biǎo de shí tou yǒu xiàn　yīn cǐ　qǐ
由于南极地表的石头有限，因此，企
é gài fáng zi yě bù róng yì　jīng cháng wèi le yì kē
鹅盖房子也不容易，经常为了一颗
shí zǐ zǒu hěn yuǎn de lù　shèn zhì chāi le lín jū de
石子走很远的路，甚至拆了邻居的
dōng qiáng lái bǔ zì jǐ de xī qiáng
东墙来补自己的西墙。

zuì shàn cháng tiào yuè de shì shén me qǐ é
最擅长跳跃的是什么企鹅？

jīn tú qǐ é
A.金图企鹅

dì qǐ é
B.帝企鹅

hóng bǎo qǐ é
C.洪堡企鹅

tiào yán qǐ é
D.跳岩企鹅

zhèng què dá àn
正确答案：D

089

为什么蚂蚁能搬动
比自己还大的食物？

蚂蚁虽小，但很聪明，也很勤劳。它们住在地下的洞穴里，往往要走很远的路去搬取食物。我们经常看到蚂蚁搬动比自己身体还大的食物，蚂蚁为什么会有这么大的力气呢？原来，蚂蚁的腿部会在爬行时产生一种酸性的物质，使肌肉迅速收缩，从而使蚂蚁可以搬起比自己大得多的食物，而且不会感到疲劳。

nán guī yà nà de yìn dì ān rén
南圭亚那的印第安人
yòng qiē yè yǐ de bīng yǐ zuò wài kē féng
用切叶蚁的兵蚁做外科缝
hé shǒu shù　　tā men xiān ràng bīng yǐ
合手术。他们先让兵蚁
yǎo hé shāng kǒu　　zài jiǎn qù yǐ shēn
咬合伤口，再剪去蚁身，
yǐ yǐ tóu dài tì māo cháng xiàn
以蚁头代替猫肠线。

shì jiè shàng dú xìng zuì qiáng de mǎ yǐ shì nǎ zhǒng
世界上毒性最强的蚂蚁是哪种？

xíng jūn yǐ
A.行军蚁

qiē yè yǐ
B.切叶蚁

yóu mù yǐ
C.游牧蚁

zǐ dàn yǐ
D.子弹蚁

zhèng què dá àn
正确答案：D

为什么蜜蜂会酿蜜?

蜂蜜是蜜蜂吸食花粉后,用唾液酿造出来的。蜜蜂有一个长喙,用来吮吸花蜜,将蜜汁贮藏在前肠的蜜囊里。在那里,花蜜中的部分水分被吸收掉。同时,涎腺分泌出的淀粉酶和转化酶将花蜜中的蜜糖转化为葡萄糖和果糖。经过100多次的吞吐,蜂蜜才最终被酿成。一只蜜蜂一生只能酿造0.6克蜂蜜。

智慧屋

mì fēng néng fēi dào hěn yuǎn de dì fang ér
蜜蜂能飞到很远的地方而
bù mí lù   zhè shì yīn wèi mì fēng de tóu bù yǒu
不迷路，这是因为蜜蜂的头部有
xǔ duō xiǎo yǎn zǔ chéng de fù yǎn   měi zhī xiǎo
许多小眼组成的复眼，每只小
yǎn zhōng yǒu gè gǎn guāng xì bāo   mì fēng tōng
眼中有8个感光细胞。蜜蜂通
guò yǎn jing lái dǎo háng   suǒ yǐ bú huì mí lù
过眼睛来导航，所以不会迷路。

快乐猜一猜

wú huā guǒ néng jiē chū tián měi de guǒ
无花果能结出甜美的果
shí   lí bù kāi nǎ zhǒng mì fēng de gòng xiàn
实，离不开哪种蜜蜂的贡献？

xióng fēng
A.熊蜂

huáng fēng
B.黄蜂

róng xiǎo fēng
C.榕小蜂

shā bā fēng
D.沙巴蜂

zhèng què dá àn
正确答案：C

为什么蝴蝶总在花丛中飞来飞去？

我们看到蝴蝶总是喜欢在花丛中飞来飞去，其实，它并不是因为喜欢鲜花，而是为了采食花蜜。花蜜是像蜜汁一样甜甜的东西，是蝴蝶最喜爱的食物。蝴蝶的嘴是一条长长的管子，平时就像钟表的发条那样盘起来，吸食花蜜时伸展开来，一下子就可以伸到花蕊底部贮存花蜜的地方，用起来非常方便。

智慧屋

hú dié yǒu zhǒng shì jué xì bāo
蝴蝶有5种 视觉细胞，
bǐ rén lèi duō liǎng zhǒng   yě jiù shì kě
比人类多两种，也就是可
yǐ gǎn shòu chú hóng guāng   lán guāng
以感受除红光、蓝光、
lù guāng wài qí tā liǎng zhǒng wǒ men
绿光外其他两种我们
wú fǎ mìng míng de yán sè
无法命名的颜色。

快乐猜一猜

shì jiè shàng zuì dà de hú dié shì shén me
世界上最大的蝴蝶是什么？

zhōng huá hǔ fèng dié
A.中华虎凤蝶

jīn bān huì fèng dié
B.金斑喙凤蝶

nán měi fèng dié
C.南美凤蝶

ā bō luó juàn dié
D.阿波罗绢蝶

zhèng què dá àn
正确答案：C

为什么蜻蜓会点水？

在炎热多雨的夏天，我们常会看到蜻蜓擦着水面飞来飞去并用尾巴点水。原来，这是蜻蜓在向水中产卵。蜻蜓将卵产在水草上，不久便会孵化出叫水虿的幼虫。水虿是一种大虫子，在水中要生活一年，蜕皮十几次，然后爬出水面，蜕去最后一层皮，长出翅膀，成为一只名副其实的蜻蜓。

qīng tíng de chì bǎng shang jù yǒu shǐ fēi xíng bǎo chí píng wěn de chì zhì　kē xué jiā jiāng zhè ge tè xìng yìng yòng zài
蜻蜓的翅膀上具有使飞行保持平稳的翅痣，科学家将这个特性应用在

fēi jī shang　shǐ fēi jī néng gòu píng wěn de fēi xiáng zài lán tiān
飞机上，使飞机能够平稳地飞翔在蓝天。

快乐猜一猜

shì jiè shàng yǎn jing zuì duō de kūn
世界上眼睛最多的昆
chóng shì shén me
虫是什么？

hú dié
A.蝴蝶

cāng ying
B.苍蝇

qīng tíng
C.蜻蜓

fēi é
D.飞蛾

zhèng què dá àn
正确答案：C

为什么飞蛾
总围着灯光飞来飞去？

飞蛾主要在夜间出来活动。在夜间飞行时，飞蛾会利用光线来辨别方向。这是昆虫的一种趋光本能，是由月光引起的。当飞蛾飞近灯光时，由于它的两只眼睛离光源的远近不同，一只眼睛比另一只眼睛感受到的光线强，飞行时便不停地拐向光线更强的那一方。因此，它们总是绕着圈子，盘旋着向灯光飞转。

有的飞蛾身上带有一种振动器，能发出一连串的咔嚓声，用以扰乱蝙蝠发射的超声波，使其躲避蝙蝠的抓捕，这也给军事上的反雷达技术带来了启示。

飞蛾不喜欢在白天出来活动，这与它身体的什么部位有关？

A.触角　　　　B.复眼

C.翅膀　　　　D.口器

正确答案：B

为什么蝉总是放声"歌唱"？

dào le shèng xià chán zǒng shì zhī liǎo zhī liǎo de chàng gè méi wán zǐ xì guān chá tā de
到了盛夏，蝉总是"知了，知了"地唱个没完。仔细观察，它的

míng jiào bú shì cóng sǎng zi li fā chū de ér shì zài dù zi liǎng cè yǒu liǎng gè méng le báo mó de fā shēng
鸣叫不是从嗓子里发出的，而是在肚子两侧有两个蒙了薄膜的发声

qì kào chàn dòng báo mó chǎn shēng shēng xiǎng qí shí zhǐ yǒu xióng chán cái jiào cí chán bù fā shēng xióng
器，靠颤动薄膜产生声响。其实，只有雄蝉才叫，雌蝉不发声。雄

chán yòng gē shēng lái xī yǐn yì xìng rú guǒ fā xiàn qí tā de xióng chán jìn rù zì jǐ de lǐng dì biàn huì yòng hěn
蝉用歌声来吸引异性，如果发现其他的雄蝉进入自己的领地，便会用很

dà de jiào shēng jǐng gào duì fāng gǎn kuài lí kāi dāng cí chán lái le tā de jiào shēng yě wēn róu duō qíng le
大的叫声警告对方赶快离开。当雌蝉来了，它的叫声也温柔多情了。

智慧屋

běi měi zhōu yǒu yì zhǒng xué jū nián cái néng
北美洲有一种穴居17年才能
huà yǔ ér chū de chán jiào shí qī nián chán tā men
化羽而出的蝉，叫十七年蝉，它们
yě shì shì jiè shàng zuì cháng shòu de kūn chóng bú
也是世界上最长寿的昆虫。不
guò rén men zhì jīn yě wú fǎ jiě shì wèi hé shí qī nián
过，人们至今也无法解释为何十七年
chán de shēng huó zhōu qī huì rú cǐ màn cháng
蝉的生活周期会如此漫长。

快乐猜一猜

míng shēng zuì xiǎng liàng de kūn chóng shì shén me
鸣声最响亮的昆虫是什么？

xī shuài
A. 蟋蟀

mà zha
B. 蚂蚱

fēi zhōu chán
C. 非洲蝉

qū qur
D. 蛐蛐儿

zhèng què dá àn
正确答案：C

为什么萤火虫会发光?

夏天的黄昏，在草丛、池塘边常常可以看到一盏盏悬挂在空中一闪一闪的"小灯"，这些飞舞的"小灯"便是萤火虫。

在萤火虫的腹部末端有发光细胞和发光器，而发光细胞中含有化合物荧光素及催化剂荧光素酶，它们在接触到由发光器气孔进入的空气时，便发生反应，发出美丽的萤光，这些萤光把夜空点缀得十分迷人。

澳洲的一些洞穴中生活
着菌蚊虫，它们会发出蓝色的
荧光。南美洲有几类叩头甲也会
发出橙色的亮光。

快乐猜一猜

陆栖萤火虫的幼虫
主要以什么为食？

A.水果　　　B.蔬菜

C.露水　　　D.蜗牛

正确答案：D

103

为什么蚕吐的丝可以做衣服？

蚕宝宝长得白白胖胖，惹人喜爱。它的食量大得惊人，可以不分昼夜地吃桑叶，同时，它的身体也慢慢变成白色，过一段时间后便开始蜕皮，经过5次蜕皮之后就要完成自己的最后一个使命——结茧。这时，从蚕宝宝的嘴里会吐出长长的蚕丝，长度可达1500米。蚕丝柔韧鲜亮，是一种天然纤维，人们用蚕丝可以做成各种美丽的衣服。

智·慧·屋

cán yǔ huà wéi cán é
蚕羽化为蚕蛾

hòu pò jiǎn ér chū　jiē zhe
后破茧而出，接着，

cí é yòng tè shū de qì wèi
雌蛾用特殊的气味

yǐn yòu xióng é lái jiāo pèi
引诱雄蛾来交配。

jiāo pèi hòu　xióng é hěn kuài
交配后，雄蛾很快

sǐ wáng　cí é chǎn xià luǎn
死亡，雌蛾产下卵

hòu yě huì màn man sǐ wáng
后也会慢慢死亡。

快乐猜一猜

cán de yì shēng jīng guò nǎ jǐ gè jiē duàn
蚕的一生经过哪几个阶段？

luǎn　yòu chóng yǒng chéng chóng
A.卵—幼 虫—蛹—成 虫

cán luǎn　yǐ cán　cán jiǎn　cán é
B.蚕卵—蚁蚕—蚕茧—蚕蛾

cán luǎn　shú cán　cán jiǎn　cán é
C.蚕卵—熟蚕—蚕茧—蚕蛾

luǎn　yǒng　cán jiǎn　chéng chóng
D.卵—蛹—蚕茧—成 虫

zhèng què dá àn
正确答案：A

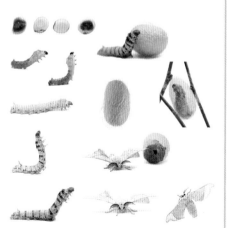

为什么蚯蚓没有脚也能走路?

蚯蚓喜欢生活在温暖潮湿的土壤里,昼伏夜出,白天我们在地面上很少见到它们。蚯蚓没有脚,主要靠肌肉的收缩来运动。肌肉的外层是环肌,内层是纵肌。环肌收缩时,能使身体缩短变粗,环肌与纵肌交错进行收缩,就能爬行。蚯蚓的每一个环节上都生有刚毛,刚毛在它爬行时起着支撑的作用。

智慧屋

nán měi sēn lín zhōng shēng cún zhe yì zhǒng jù dà
南美森林中生存着一种巨大
de qiū yǐn　cháng　mǐ zuǒ yòu　dà xiǎo hé yì tiáo
的蚯蚓，长1.5米左右，大小和一条
shé xiāng sì　shì shì jiè shàng zuì cháng de qiū yǐn
蛇相似，是世界上最长的蚯蚓。

快乐猜一猜

shén me bèi shēng wù xué jiā dá ěr wén chēng wéi
什么被生物学家达尔文称为
dì qiú shang zuì yǒu jià zhí de dòng wù
"地球上最有价值的动物"？

qiū yǐn
A.蚯蚓

hóu zi
B.猴子

dá ěr wén hú
C.达尔文狐

lèi rén yuán
D.类人猿

zhèng què dá àn
正确答案：A

为什么屎壳郎要滚粪球？

屎壳郎爱滚粪球，这是在为它的孩子储备食物。它把粪球推到一个比较安全的地方后，就用头上的角和3对足将粪球下面的土挖松，使粪球逐渐下沉，再将松土从粪球四周翻上来。这样不停地忙碌两天后，当粪球下沉到土中时，由雌虫在粪球上产卵。过一段时间后，卵会孵出白色的幼虫，而粪球就成了幼虫的食物。

智慧屋

shǐ ke láng zhǎng zhe shēn mù
屎壳郎长着深目
gāo bí　　wài xíng hǎo xiàng liǎn bù lún
高鼻，外形好像脸部轮
kuò fēn míng de qiāng rén hé hú rén
廓分明的羌人和胡人，
zài jiā shàng tā de bèi shang yǒu hēi
再加上它的背上有黑
jiǎ　　hǎo xiàng wǔ shì yí yàng　suǒ
甲，好像武士一样，所
yǐ dé míng qiāng láng
以得名蜣螂。

快乐猜一猜

nǎ　yì zhǒng kūn chóng bèi chēng wéi
哪一种昆虫被称为
zì rán jiè de qīng dào fū
"自然界的清道夫"？

cāng ying
A.苍蝇

zhāng láng
B.蟑螂

shǐ ke láng
C.屎壳郎

qiū yǐn
D.蚯蚓

zhèng què dá àn
正确答案：C

为什么蟋蟀爱打架？

蟋蟀生性孤僻，除了交配时期以外，它们一般过着独居的生活。同性蟋蟀一旦相遇，就像水碰到火一样，会狠狠地争斗起来。另外，雄性蟋蟀为了获得食物、巩固领地和占有雌性蟋蟀，通常会斗得难解难分，严重时能把对方的腿咬断。正因为如此，人们也喜好以此取乐，将两只蟋蟀装在一个罐子里，观看它们打架。

xī shuài míng jiào shì yī kào qián chì mó cā fā
蟋蟀鸣叫是依靠前翅摩擦发
shēng de xī shuài de yí cè qián chì shang zhǎng zhe
声的。蟋蟀的一侧前翅上长着
yì pái hěn xì de chǐ lìng yí cè qián chì shang zhǎng
一排很细的齿,另一侧前翅上长
zhe yí gè tū qǐ de cì dāng tā men xiāng hù mó cā
着一个凸起的刺,当它们相互摩擦
shí jiù chǎn shēng le shēng yīn
时,就产生了声音。

xià miàn nǎ yí xiàng bú shì zhōng guó sān dà míng chóng
下面哪一项不是"中国三大鸣虫"?

mà zha
A.蚂蚱

guō guor
B.蝈蝈儿

yóu hú lu
C.油葫芦

xī shuài
D.蟋蟀

zhèng què dá àn
正确答案:A

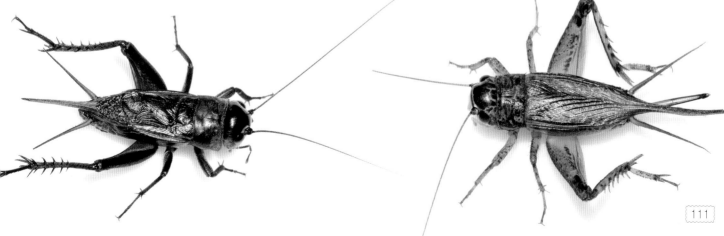

为什么竹节虫能够伪装自己？

竹节虫 称得上是隐身高手，它只要 往 植物上 一 趴， 就 不 容 易 被 发 现。竹节 虫 的颜色跟树枝的颜色相近，而且还会随着周围环境的变化而变化， 能 够骗过敌人的眼睛。大多数竹节 虫 没有翅膀，即使有翅膀，翅膀的颜色也非常鲜艳。受 到侵犯时，竹节 虫 会突然起飞，用翅膀 上 闪 动的光彩迷惑敌人，同时趁 敌人不备，自己迅速收起翅膀，落在植物 上，让敌人再也找不到它的身 影。

智慧屋

dòng wù wáng guó zhōng de wěi zhuāng dà shī
动物王国中的伪装大师
cháng jiāng biàn sè hé nǐ tài zuò wéi zì jǐ zài zì rán
常将变色和拟态作为自己在自然
jiè shēng cún de fǎ bǎo dǐng jí de wěi zhuāng dà shī
界生存的法宝，顶级的伪装大师
yǒu sā dàn yè wěi bì hǔ dì yī zhū mǎ dá jiā
有撒旦叶尾壁虎、地衣蛛、马达加
sī jiā bì hǔ děng
斯加壁虎等。

快乐猜一猜

shì jiè shàng zuì cháng de kūn chóng shì shén me
世界上最长的昆虫是什么？

zhú jié chóng
A.竹节虫

qīng tíng
B.蜻蜓

kòu tóu chóng
C.叩头虫

yíng huǒ chóng
D.萤火虫

zhèng què dá àn
正确答案：A

为什么蜘蛛能结网？

蜘蛛具有许多特殊的本领，其中最突出的是结网。蜘蛛肚子的末端有对纺织器，这对纺织器能制造出一种特殊的黏液。黏液从蜘蛛尾端的孔流出来，一接触空气，马上就会凝固。蜘蛛用后脚把这些黏液聚集起来，拉成丝，再织成网。蜘蛛为了捕食，会精心编织各种各样的蛛网挂在猎物出没的地方，等待飞虫自投罗网。

bā tú dí gǔ ā zhī zhū shì shì
巴图迪古阿蜘蛛是世
jiè shàng zuì xiǎo de zhī zhū tā men de
界上 最小的蜘蛛，它们的
wēi xíng shēn tǐ jǐn yǒu lí mǐ
微型身体仅有0.038厘米，
kě yǐ qīng yì de tíng luò zài yì gēn dà
可以轻易地停落在一根大
tóu zhēn de zhēn jiān shang
头针的针尖上。

快乐猜一猜

shì jiè shàng zuì dà de zhī zhū jiào shén me
世界上 最大的蜘蛛叫什么?

tóu zhì zhī zhū
A.投掷蜘蛛

láng zhū
B.狼蛛

hóng áo zhū
C.红螯蛛

yà mǎ xùn jù rén shí niǎo zhū
D.亚马逊巨人食鸟蛛

zhèng què dá àn
正确答案：D

为什么苍蝇总吃脏东西却不生病？

苍蝇是个讨人厌的家伙，它到处乱飞，把病菌散布到饭菜、食物中。如果人吃了它叮过的东西，很可能会拉肚子，甚至会发高烧。苍蝇到处乱吃脏东西，身上携带了大量的细菌，但它自己却不会生病。这是因为苍蝇的身体内能分泌一种抗菌活性蛋白，可以将消化道内的一部分病菌杀死，而其余的病菌则被排出体外。

智慧屋

cāng yíng suī rán ràng pǔ tōng rén fán nǎo　　dàn shì kē xué jiā
苍蝇虽然让普通人烦恼，但是科学家
men què hěn qīng lài tā　gēn jù cāng yíng de fù yǎn jié gòu yuán
们却很青睐它。根据苍蝇的复眼结构原
lǐ　kē xué jiā men fā míng le fù yìn jī　yíng yǎn zhào xiàng
理，科学家们发明了复印机、蝇眼照相
jī　yíng yǎn zhì dǎo xì tǒng　kōng qì cù shè tàn cè qì děng
机、蝇眼制导系统、空气簇射探测器等。

快乐猜一猜

cāng yíng néng zài kōng zhōng lián xù fēi
苍蝇能在空中连续飞
xíng bìng zuò chū gè zhǒng gāo nán dù dòng zuò
行并做出各种高难度动作，
zhè shì yīn wèi tā de shēn shang yǒu shén me
这是因为它的身上有什么？

fù yǎn　　guān cè qì
A.复眼"观测器"
qì wèi　　fēn xī yí
B.气味"分析仪"
wēi xíng　　píng héng bàng
C.微型"平衡棒"
kàng jūn　　wǔ qì kù
D.抗菌"武器库"

zhèng què dá àn
正确答案：C

为什么蚊子会叮咬人？

只有雌蚊才会叮咬人，雌蚊在交配后，必须靠吸血来促进卵的成熟。雌蚊的步足上布满触毛，触毛上分布着均匀的细孔，雌蚊靠它们感知人呼出的二氧化碳，再迅速飞近吸血对象。准备攻击前，雌蚊会将带有抗凝素的唾液通过长针注入到人的皮肤内，使唾液和血液融合在一起，变成不凝固的血浆。随后，它会在吸血的过程中吐出陈血，吸走新鲜的血液。

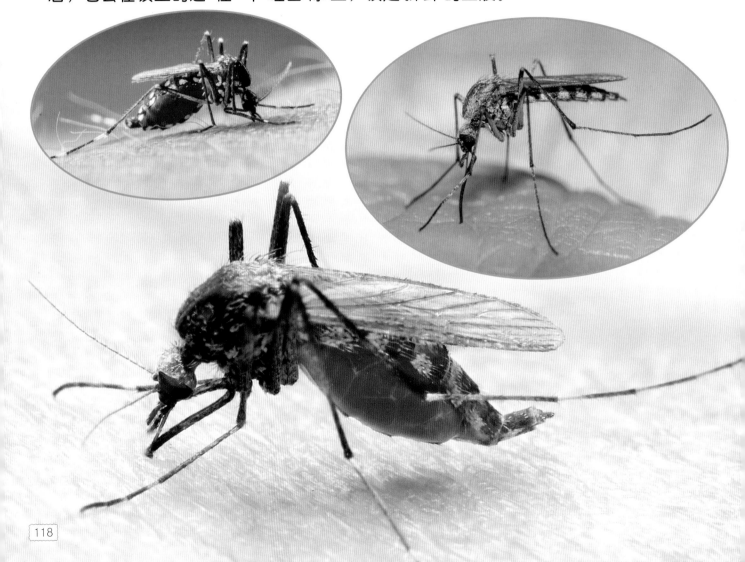

智慧屋

wén zi měi cì dīng yǎo dōu huì xī zǒu dà yuē wǔ qiān
蚊子每次叮咬都会吸走大约五千
fēn zhī yī háo shēng de xiān xuè   bǎo cān zhī hòu   wén
分之一毫升的鲜血。饱餐之后，蚊
zi huì zài chū shēng dì qiān mǐ de fàn wéi nèi huó dòng
子会在出生地2千米的范围内活动，
zuì yuǎn huó dòng jù lí kě dá   qiān mǐ
最远活动距离可达180千米。

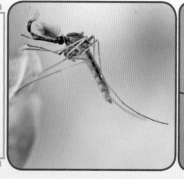 

快乐猜一猜

wén zi wēng wēng de shēng yīn shì zěn me fā chū lái de
蚊子嗡 嗡的声音是怎么发出来的？

kǒu zhōng de shēng dài
A.口中的声带

fù bù de míng qiāng
B.腹部的鸣腔

tuǐ bù de mó cā
C.腿部的摩擦

chì bǎng de zhèn dòng
D.翅膀的振动

zhèng què dá àn
正确答案：D

图书在版编目（CIP）数据

奥妙的动物 / 童彩编著. — 北京：北京理工大学出版社，2019.11（2024.8重印）
（儿童看图成长十万个为什么）
ISBN 978-7-5682-7171-4

Ⅰ．①奥… Ⅱ．①童… Ⅲ．①动物－儿童读物 Ⅳ.①Q95-49

中国版本图书馆CIP数据核字(2019)第132980号

责任编辑：赵兰辉　　**文案编辑：**赵兰辉
责任校对：周瑞红　　**责任印制：**施胜娟

出版发行 / 北京理工大学出版社有限责任公司
社　　址 / 北京市丰台区四合庄路6号
邮　　编 / 100070
电　　话 / （010）68944451（大众售后服务热线）
　　　　　　（010）68912824（大众售后服务热线）
网　　址 / http:// www.bitpress.com.cn

版 印 次 / 2024年8月第1版第6次印刷
印　　刷 / 河北朗祥印刷有限公司
开　　本 / 889 mm×1194 mm　　1/20
印　　张 / 6
字　　数 / 120千字
定　　价 / 29.80元